农谚

董汉文　编

中国农业出版社

前　言 ....

　　我在退休前，长期在农村工作，搜集到许多农业和农业有关的谚语。

　　农谚，是人类认识自然规律的科学总结。为了帮助大家了解农业、林业、畜牧业、气象等方面的自然现象和规律，现将搜集到的农谚加以整理、编辑，供读者参阅。

　　中国已有数千年历史。劳动人民在与自然界斗争中积累的经验，十分丰富。本书所反映的内容，大部分来自群众的口头流传，小部分来自历代农业书籍和《本草纲目》等历史资料。

　　我国是一个地域辽阔的大国。不同地区的气候差异很大。同一种事物、同一条谚语，却有不同的内涵和不同的说法。请读者在阅读和运用时加以注意和区分。

　　本书在形成过程中得到很多朋友的帮助和

支持，在此表示衷心感谢！

　　由于本人水平有限，在搜集、整理、编辑过程中，难免有错。特别是对有关谚语的理解和注释，可能有误，恳请读者批评指正。

編　者

2011 年 5 月

目　录 ·······················

一、农 业

（一）播种

一年之计在于春，寸金难买寸光阴。

姑娘怕误女婿，庄稼怕误节气。

节气不等人，春日胜黄金。

抓住季节早种田，一年产量顶两年。

春种一粒粟，秋打万石粮。

人误地一时，地误人一季。

宁种平地一条线，不要山地一大片。

紧庄稼，慢买卖。

四角四边，种满无缺。

一粒入土，万粒归仓。

不种百亩田，难打万石粮。

十边地不落空，拔掉萝卜就栽葱。

一寸土地一斤粮，多种就能多打粮。

春天捅一棍，秋天吃一顿。

挖个窝窝，吃个饽饽。

春天刨个坑，秋天打半升。

春天刨一点，秋天收一碗。

不怕没有油，就怕丢地头。

不怕没丰收，就怕地边丢。

春争日，夏争时，一年之事不宜迟。

芒种芒种，样样要种；
过了芒种，不可强种。

五黄六月去种田，午前午后差一拳。

夏至插秧昼夜分，早晨插秧晚扎根。

五月端阳有秧栽，八月中秋有谷收。

过了芒种不种棉，过了夏至不插秧。

种地如绣花。

细耕细种，强如上粪；
粗耕粗种，不如不种。

早种强似晚上粪。

栽秧要抢先，割麦要抢天。

种稻早插秧，儿女一大帮。

早插一夜，胜过千犁万耙。

清明忙种麦，谷雨种大田。

季节一把火，时间不让人。

五月田，早种一宿高一拳。

旱谷子，涝豆子，沙土花生泥土麦。

早育秧，早插秧，穗大粒肥稻米香。

夏至拈小豆，下霜豆也熟。

清明麦子谷雨谷，立夏前后高粮豆。

旱天芝麻雨淋豆。

早播先扎根，晚种两头忙。

七分不毁，八分不淹。

无雨莫种麦，麦怕胎里旱。

麦收三月雨。稻秀雨浇，无灰不种麦。

种绿豆，地宜瘦。

九九八十一，犁耙一齐出。

毁地等于休妻。

春插日，夏插时。

（二）田间管理

种地七分管，人勤地不懒。

三分在种，七分在管。

光种不管，不能增产。

三分种七分管，十分收成才保险。

粮食不到手，管字不能丢。

种好管好，丰收牢靠；
只种不管，打破金碗。

人哄地一时，地哄人一年。

草是五谷病，不除苗送命。

苗里一棵草，赛过毒蛇咬。

庄稼勤锄草，颗粒肥又饱。

晴天不锄草，阴天草冒高。

除草不除根，留个祸害根。

适时锄一寸，胜过一荏粪。

田要做得好，只有手工到。

深耕又细耙，肥饱勤除草。

中耕多几遍，抗涝又抗旱。

无雨不要怕，紧握锄头把。

斩草不除根，春风吹又生。

铲地不漏草，草从何处来。

苗怕草欺，草怕锄犁。

旱锄一寸，强如上粪。

细耪细趟，粮食满仓。

锄头有水，越锄越美。

种地无巧，见缺就补；
见草就锄，见瘦追肥。

锄头上有水，拳头上有火，
锄头上有油，一年到头吃穿不愁。

春天出在犁上，夏天出在锄上。

黄秧落地是株草，管好收好才是宝。

干锄谷子湿锄豆，天阴下雨锄黑豆。

干锄棉花湿除麻，雾露小雨锄芝麻。

早种早铲籽粒饱，晚种晚铲青眼多。

干土趟地如上粪，湿土趟地如夹棍。

三铲不如一趟，光铲不趟等于撂荒。

一遍锄头顶遍粪，三遍锄头看年成。

旱锄田，涝锄园。

锄头自带三分水，多锄抗旱苗棵肥。

锄头底下看年成，锄头底下出黄金。

地锄三遍仓仓满，禾锄三遍粒粒园。

丰收无它巧，勤上粪水勤锄草。

种在犁，收在锄，错过时机丢了秋。

犁的深，耙的匀，土里长出金和银。

侍弄庄稼只要勤，锄头口上出黄金。

棉花白，稻子黄，秋风秋雨要提防。

耕的深，耙的细，棉如白银籽如金。

庄稼田地勤理沟，下雨涨水不发愁。

早中耕，地发暖，勤中耕，地不板。

眼是懒蛋，手是好汉。

只要用劲，杂草不见。

人怕痨病地怕霜，天怕浮云地怕荒。

人压草当天了，草压人一大群。

紧赶慢赶，夏锄开铲。

多锄旱涝双保险。

千年草籽，万年鱼籽。

头遍抱锄铲，二遍三遍铲别锄。

头遍趟到底，二遍四方头，三遍复原垄。

有钱难买五月旱，六月连阴吃饱饭。

宁铲小草一窝，不铲大草一棵。

玉米去了头，力气大如牛。

犁杖犁杖，分毫不让。

打了叶子耪一遍，高粱颗粒眼瞪圆。

若要庄稼好，踏死田边草。

种地勤锄草，颗粒肥又饱。

庄稼要旺，追肥铲趟。

苗儿勤耪，越长越旺。

锄板响，庄稼长。

中午锄地强，草死庄稼长。

人能压住草，就能吃得饱。

啥是庄稼宝，勤耕兼锄草。

一年杂草，十年不了。

豆锄三遍粒儿圆，谷锄三遍米汤甜。

头遍浅二遍深，三遍把土培到根。

沙地浅黑土深，旱地浅湿地深。

苗小锄背不锄垅，苗大垅背都锄通。

旱天锄代水，涝天锄代火；
不怕下雨晚，就怕锄头赶。

早铲苗发旺，锄下三分雨。

麦子锄三遍，抗旱又出面。

头遍刮二遍挖，三遍四遍如绣花。

锄地好不好，单看雨后草。

锄头叮当响，苗子不断长。

精耕细作，粒粒好谷。

深深犁，重重耙，多收麦，没二话。

光铲不趟，三天就荒；
多铲多趟，粮食满仓。

当铲不铲，必定减产；
该趟不趟，必定空仓。

要想害虫少，锄尽田边草。

锄头耪得勤，棉花似白银。

多铲多趟，棉絮白又长。

苗儿勤耪，越长越旺。

千锄银万锄金，一锄不到草生根。

间苗要间早，定苗要定小。

丰收无它巧，一苗二肥三锄草。

干锄浅，湿锄深。

干锄壮，湿锄旺。

干锄棉花湿锄豆。

湿锄高粱干锄花，不干不湿锄芝麻。

田中无草，收成可保。

苗多欺草，草多欺苗。

头遍少锄一窝草，二遍半天锄不了。

田间管理如绣花，功夫越细越到家。

早铲一锄三指，晚铲一遍一指。

草小铲，草大砍。

勤铲勤趟，根深叶茂茎秆粗。

头遍豆子二遍谷，三遍高粱犁过土。

谷子晒心，高粱晒根。

要想庄稼收成好，三犁三铲不可少。

深耕概种，立苗欲疏。非其种者，锄而去之。

智如禹汤，不如常耕。

近家无瘦地，遥田不富人。

谷锄八遍饿死狗。

（三）土壤、保墒

万物生于土，万物归于土。

地是黄金板，年年有出产。

儿要亲生，田要深耕。

地耕三遍，黄金不换。

深耕加一寸，顶上一遍粪。

深耕细耙，旱涝不怕。

你有粮食囤，我有秋翻地。

伏天深耕地，赛过水浇田。

耕地耕的早，消灭虫和草。

冬耕拉满犁，春耕划破皮。

黄土压沙土，一亩顶两亩。

碱地压沙土，保苗不用补。

黄土压上沙，好似孩儿见了妈。

红土垫上沙，不收不由它。

秋翻地，如水浇，明年无雨也得苗。

翻地如翻金，深耕如上粪。

八月翻地瓢浇油，九月翻地勺浇油，
十月翻地松土头。

秋天耙层皮，等于来年趟一犁。

秋天划破皮，强似冬天犁十犁。

七翻金，八翻银。

家土野土相合，必有好禾。

沙土拌泥，好的出奇。

黄土掺黑土，增产一石五。

铺沙又换土，一亩顶两亩。

家里土，地里虎。

灶洞土，赛过虎。

土加一层皮，顶上一层肥。

黏夹沙，好落花；沙盖黏，好种田。

土地是个宝，越耕越是好。

家有千金，不如勤耕。

衣服不洗要脏，田不耕就会荒。

多犁一道土，多收一成粮。

深犁深耙，野草不发。

深耕一寸，多打一囤。

薄地怕深耕，深耕当上粪。

一年一层皮，十年深一犁。

头遍破地皮，二遍往深犁。

犁地要深，耙地要平。

耕地看牛头，犁地看拖头。

浅耕细耙保住墒，早种深耙改土壤。

保墒如保命，缺墒难播种。

浇地不保墒，白白浇一场。

麦收去年墒。

整地如下雨，保墒如保苗。

翻地如翻金，深耕如上粪。

惊蛰一犁土，春分地气通。

翻地翻的深，黄土变成金。

（四）肥料

庄稼一枝花，全靠肥当家。

种地不上肥，等于瞎胡混。

肥是庄稼宝，缺它长不好。

种地没神鬼，全靠肥和水。

人勤地不懒，肥多准增产。

要想土地多打粮，铁锹不离大粪筐。

油足灯亮，肥足苗壮。

人靠饭养，地靠肥长。

积肥如积粮，肥多粮满仓。

长嘴的要吃，生根的要肥。

东奔西跑，不如拾粪弄草。

肥大水勤，不用问人。

田中无好稻，因为少肥料。

水足肥饱，丰收没跑。

流不尽的水，积不完的肥。

闲时积肥忙时用，渴了挖井不现成。

养猪不赚钱，回头看看田。

肥倒三遍，不打自烂。

粪生上，没希望，粪熟上，粮满仓。

底肥金，追肥银，巧种不如拙上粪。

冬草肥田，春草肥禾。

施肥一大片，不如一条线。

宁施一窝，不撒一箩。

臭天不臭地，施肥埋地里。

苗黄灌粪汁，苗黑撒草炭。

雨前施肥苗得利，雨后喷药杀虫多。

粮食宝中宝，全在肥上找。

牛粪冷，马粪热。

好酒好肉待女婿，好粪好料上秧田。

秧苗起身，还要点心。

无灰不种麦，无酒不请客。

禾苗黄恹恹，主人欠它豆饼钱。

深耕需肥多，肥多需深耕。

有收无收在于水，多收少收在于肥。

庄稼要好，水足肥饱。

菜田菜田，三天一水，三天一肥。

早晨拾粪一筐，秋天打粮一斗。

猪多不如粮多，地多不如粪多。

伏天草，地里宝。

扫帚响，粪堆长。

生土年年加，产量步步高。

山皮土，地里虎。

送冬粪，失肥效；春送粪，肥效高。

远年富，多种树；近年富，多肥土。

肥里有黄金，积肥如积金。

好肥送进地，金银满地铺。

庄稼要旺，肥要勤上；
地是活宝，越多越好。

人靠地来养，苗靠肥才长。

多积一车肥，多吃一石粮；
要想庄稼强，粪筐提手上。

庄稼有肥苗肯长，粮食增产有指望。

灶里无柴难烧饭，田里无肥难增产。

增产增产，不能空喊；
多积肥料，五谷如山。

庄户地里不用问，除了雨水就是粪。

庄稼见肥，如鱼得水。

千担肥下地，万斤粮归仓。

积肥如积粮，粮在肥内藏。

积肥千万担，肥山变粮山。

肥料足，瘦田打精谷。

肥料下得足，一茬顶两茬。

肥如金，肥如银，送给水稻当点心；
吃饭金，吃饱银，送回粮食双千斤。

吃饱奶的娃娃长得胖，垩足肥的庄稼长得旺。

笋胖竹子壮，肥足庄稼旺。

火车无煤开不了，禾苗无肥长不高。

在家粪脏，送地粪香。

肥料臭，肥料脏，种出庄稼喷喷香。

种田无秘诀，只怕肥料缺。

灯盏油足光线好，地里肥足产量高。

卫生积肥一齐搞，预防疾病生产好。

当了净街王，打的粮食没处藏。

人吃五谷粮，地长多样肥。

要想多攒粪，必须到处寻。

山有顶，生产指标没有顶；
海有底，积肥潜力没有底。

大塘干，小塘翻，挖出河泥堆成山。

一担塘泥四担谷，两担塘泥吃不愁。

今天挑粪把肥攒，明年秋天仓谷满。

春天河泥成担挑，秋天粮囤堆得高。

勤起勤垫，十天一圈。

粪缸周围挖泥土，上到地里就是肥。

积肥不用愁，尘土烂灰破炕头。

清除垃圾做肥料，卫生增产两有效。

羊粪上山，远田增产。

谷地上苏子，顶浇一遍油。

粪倒八遍赛过油。

泥土放进灶门堂，制成烧土田脚壮。

积肥赛化肥，省工又省钱。

沤肥没有巧，一层土，一层草。

常灌水，勤翻倒。

青草沤绿肥，肥壮有力气。

割草沤青肥，粮食打满囤。

田肥草，草肥田。

草无泥不烂，泥无草不肥。

儿怕奶了，苗怕肥少。

秧苗起身，先吃点心。

肥料堆堆如珠宝，喜的禾苗点头笑。

只要把肥上，苗儿长的旺。

田里不施肥，庄稼矮三寸。

施绿肥，产量高，庄稼壮，米质好。

拆墙土，草木灰，多往棉花地里堆。

大时浇肥一碗，不如小时浇肥一盏。

车无油会喊，地无肥会板。

猪粪羊尿好肥料，随施随见效。

场院要平，粪坑要深。

养肥不垫圈，肥料走失完。

养肥不积肥，等于瞎胡闹。

猪是农家宝，肥是地里粮。

粪翻三遍，不打自烂。

冬天烧掉田边草，来年肥多虫又少。

鱼爱水，蜂爱花，庄稼喜欢把肥加。

早追肥长根，晚追肥长身。

娃娃不离娘，庄稼不离粪场。

人不离饭，地不离肥。

人缺粮，面皮黄，地缺肥少打粮。

人是铁，饭是钢，地里缺肥庄稼荒。

鱼靠水活，苗靠肥长。

猪肥长肉，田肥长谷。

有肥有圈，积肥方便。

懒人怕发狠，薄地怕上粪。

下肥下得当，更比多施强。

种地无粪，等于瞎子没棍。

冷粪果木热粪菜，生粪上地连根坏。

豌豆不用粪，只要灰来殡。

流不尽的水，积不尽的肥。

成家之子，惜粪如金；
败家之子，用金如粪。

只要勤动手，肥料处处有。

积肥胜过买田。

（五）水利

肥料是增产本钱，水利是农田命脉。

水是庄稼血，粪是作物粮。

奶足娃娃胖，水足禾苗壮。

蓄水如囤粮，水足粮满仓。

不怕无雨，就怕靠天。

宁打一眼井，不盖三间房。

修库筑坝，旱涝不怕。

大沟通小沟，旱涝保丰收。

天晴挖沟，雨涝不丢。

地下水不可高，防止碱和硝。

水大不下坡，粮食打得多。

水土不出田，粮食吃不完。

谷子生得乖，无水不怀胎。

麦浇早，谷浇老。

稻子打包，水要到腰。

天旱不忘浇田，雨涝不忘浇园。

开沟挖渠修水利，保证增产没问题。

水足肥多苗儿密，少种多收省人力。

搞上水利化，旱涝都不怕。

水利搞的好，亩产千斤稻。

只靠水利不靠天，兴修水利万年欢。

不挖大水库，雨水存不住。

兴修水利除旱根，条条清泉浇庄园。

修好高底河，人人吃馇馇；
挖好贮水池，有鱼有粮食。

冬天动手修大河，秋天白打万担粮。

平原挖大塘，小河变大港。

山田多开塘，有水就有粮。

田边开条流水沟，旱年也保八成收。

种麦要丰收，不忘理水沟；
一尺不通，万丈无用。

条条沟渠都开通，排水灌溉不费工。

修坝修坝，大雨不怕。

修渠如修仓，积水如积粮。

修渠打坝，不怕不下；
修渠打坝，天旱不怕。

大小支渠都修好，不怕产量提不高。

要想早成熟，春水要储足。

保水如保粮，水饱粮满仓。

水库装满水，不怕土地裂。

渠里水长流，种地不发愁。

田里水汪汪，家里谷满仓。

开沟双保险，旱年变丰年。

田边开渠流水沟，旱年也有八成收。

麦收一条沟，谷收一条埂。

一块田，九条沟，别人不收我准收。

溪水过田头，吃穿不用愁。

娃娃有奶日夜长，田稻要靠水来养。

浅水勤灌要经常，棵棵乌黑油光光。

打蛇打七寸，治水要治根。

根除水患，保证增产；
十年十收，旱涝无忧。

人治水，水利人，人不治水水害人。

寒冬辛勤修水库，不怕来年秋老虎。

瑞雪兆丰年。

冬无雪，麦不结。

伏天伏天，三天一小旱，五天一大旱。

把洪水堵起来，把泉水挖出来，把海水抽上来。

劈山引水翻过岗，遍地造下米粮仓。

要叫地下水抬头，莫让地下水白流。

修渠如修仓，储水如储粮。

山水蓄起来，河水引出来。

井水抽出来，换出粮食来。

治山先治土，保土必须先保水。

水是一条龙，先从顶上行；
治下不治上，万事一场空。

山上开荒，山下遭秧。

七月十五定旱涝，八月十五定收成。

多积肥，修水利，保证增产没问题。

水足肥多苗儿密，少种多收省人力。

水利搞得好，亩产千斤稻。

只靠双手不靠天，修好水利万年欢。

不挖大水库，雨水存不住。

积水如积金，囤水如囤粮。

蓄水防旱，备粮防饥。

不怕干旱，就怕靠天吃饭。

春雨贵如油，不让一滴流。

有土才能筑墙，有水才能栽秧。

天上望一望，不如修个塘。

水无一点不为利。

（六）种子、秧苗

好种出好苗，好葫芦开好瓢。

母大子壮，好种壮秧。

好种出好稻，种杂收成少。

断粮不断种。

种地选好种，赛如土地多两垄。

选出粒大干燥种，不怕旱雨又耐风。

龙生龙，凤生凤，好种才有好收成。

种子年年选，保住金饭碗。

种地选好种，一垄顶两垄。

留好种子田，年年保丰产。

家有一好种，不怕老天哄。

一粒好种，千粒好粮。

种子不选好，收成一定少。

母羊大，生好羔；棉棵大，结好桃。

庄稼不选种，每年少两成。

若要吃饱饭，谷种年年换。

麦种调一调，好比上肥料。

麦种三年，不选要变。

一要质二要量，田间选种不上当。

场选不如田选，田选不如穗选。

去两头留中间，玉米棒子不空尖。

不兴砸不兴穿，去两头留中间。

种子过过筛，幼苗长得乖。

种怕水上漂，禾怕折断腰。

春天到百草青，选种浸种最要紧。

水浸五谷种，耐旱不出虫。

谷子过水，五双十全。

选粮下种，节米下锅。

种子年年选，产量节节高。

选种要晒干，才能防黑疸。

勤换禾种，强下肥料。

种子爱做客。

种好稻好，娘好囝好。

种田要好秧，装谷要好仓。

春天育好一片秧，秋天多打千担粮。

壮秧发权快，瘦苗少打粮。

当天耙田当天插，不可栽一夜冷田。

保秧如保命。

苗留适当，秆壮穗长。

苗好找经验，苗差找原因。

秧苗是庄稼宝，千方百计保护好。

抗旱抗到谷金黄，保苗保到粮进仓。

救苗如救火，保苗如保命。

消灭二类苗，块块收成高。

缺一棵，补一棵；种一亩，保一亩。

多补一棵苗，多收一把粮。

补苗移苗，收成牢靠。

庄稼受损不补种，一季生产白白送。

种子田好经验，忙一时甜一年。

人工授粉好处多，棵棵庄稼挂珍珠。

玉米结婚，子子孙孙。

有钱买种，无钱买苗。

打仗要靠兵，打粮要靠苗。

好种才能多打粮，国家富民也强。

选良种有六桩：
第一，籽粒要饱满；
第二，穗头要肥长；
第三，秆子要坚硬；
第四，发棵要健旺；
第五，成熟要一齐；
第六，形状要一样。

单打单收单储藏，来年丰收有保障。

快马出在腿上，好苗出在种上。

种子消毒，减少病害。

好粮有好米，好种有好粮。

要想收成好，选种要看重。

（七）合理密植

密植是个宝，千万要用好；
合理能增产，盲种就糟糕。

吃饭要适宜，密植要合理。

合理密植真是好，光长秧苗不长草。

不稀不稠，保证丰收。

人多力量大，穗多产量高。

兵多枪多打胜仗，穗多粒多谷满仓。

不稀不密，多穗多谷。

秧稀不长，麦稀不黄。
（无效分蘖多）

苗过稀长草，苗过稠易倒。

要想庄稼多打粮，就要缩小株距行。

棵子多，行距小，打的粮食吃不了。

密植匀栽勤水灌，亩产千斤不稀罕。

密植增产握的牢，播足种子第一条。

割不成捆子是秆儿低，打不下粮食是种子稀。

稀植改密植，少收变多收。

种麦种得密，麦头多麦粒；
种豆种得宽，豆秆多茎节。

稀植稻禾杂草多，密植稻禾穗头多。

谷子长的稀，不够喂小鸡。

旱地要比水地密，肥地比瘦地稀；
山地要比平川密，黏土要比沙土稀。

地尽其用田不荒，合理密植多打粮。

林粮间种，粮菜白拣。

高粮地里代小豆，一地多收额外赚。

间混套种真正好，合理密植少不了。

麦子要稠，豆子卧下牛。

豆打旁秸麦打齐。

大豆转开身，一棵打半斤。

（八）茬口

你有怀马驹，我有倒茬地。

庄稼养庄稼，倒茬如上粪。

茬口不换，丰年变歉年。

麦不离豆，豆不离麦。

麦子要上石，要把茬来换。

豆子重茬角高。（下部无角）

高粱重茬上梢。（穗尖小）

玉米重茬，易长窝米。

豆茬的麦，请到的客。

扎根种盘根，产量翻一倍。
（扎根指豆类，盘根指麦子）

（九）植物保护

防虫越早，庄稼越好。

有虫治无虫防，庄稼一定长得强。

除虫如锄草，一定要趁早。

地边勤锄草，病虫都减少。

有虫大扫荡，无虫早预防。

灭虫要除卵，锄草连根铲。

见病株就拔，见害虫就拿。

"两光""一好"能做到，丰收一定保得牢。
（指杂草除光，害虫灭光，田间管理好）

深耕深锄，害虫无窝；
深犁深耙，害虫无家。

除虫一遍，增产万担。

冬季清除田边草，来年肥多虫又少。

要想害虫少，锄尽田边草。

治虫药械准备好，莫让害虫伤青苗。

庄稼生病要拔掉，架火烧掉为最妙。
（指传染性强，又无药可治的作物病害）

苗小不要紧，只怕虫虫咬。

不怕苗儿小，就怕蝼蛄咬。

除虫不迷信，迷信除不净。

除虫如治病，不治丢了命。

捉光虱子好睡觉，消灭害虫多打谷。

田头撒农药，害虫跑不掉。

不是靠天吃饭，全靠双手动弹。

抗灾抗到丰收日，保苗保到粮入库。

（十）农机具

拖拉机满地跑，耕种土地实在好。

收割机嗡嗡叫，割拉收打真高效。

抽水机隆隆响，旱天靠它打胜仗。

喷雾器真是妙，杀虫好比火箭炮。

要想干的巧，工具改良好。

手巧不如家伙妙。

战士爱武器，农民爱农具。

手快不如工具快，老汉能把青年赛。

改革农具，提高效能；
多快好省，生产猛进。

农具换新装，米麦格外香。

唱歌需要好歌手，种地需要好锄头。

锄把架子高，间苗不毛腰。

四齿耙真正巧，拉沟打楂代锄草。

尺八底二尺键，犁把不过三尺半。

农机具管理好，搞生产有依靠。

（十一）收获

麦收一晌，蚕老一时。

麦黄西南风，麦收一场空。

麦倒一把糠，稻倒一田秧。

麦要夹生收，豆要摇铃割。

麦子上了场，日夜都要忙。

麦收如救火，虎口把粮夺。

蚕老麦黄，绣女下床。

麦收没大小，一人一把刀。

杏子黄，麦上场。

一滴血一滴汗，麦不进仓心不安。

麦收九成熟，不收十成落。

不怕不丰收，就怕地里丢。

一穗撒一颗，拾起煮一锅。

麦到场，快快抢。

麦碾节豆碾蔓，菜籽碾的稀巴烂。

麦收有五忙：割拉碾晒藏。

一年劳动在于秋，谷不到家不算收。

庄稼种的多，还要细收割。

大秋收，小秋收，家生野生一齐收。

宁收九成熟，不收十成丢。

九熟十收，十熟九收，过熟不收。

糜子迟收打头，谷子迟收风磨；
荞麦迟收掉粒，豆子迟收炸裂。

伸刀不伤镰，收刀不收镰。

收豆刀要快，茬要矮；
不收回头角，不留马耳朵。

庄稼熟了，不用思量；
赶快动手，防止早霜。

三春不如一秋忙，男女老少齐上场。

细收细割，颗粒不丢。

割地不轻手，必把粮食丢。

高粱伤镰一把米，谷子伤镰一把糠。

抢收抢收，不抢就丢。

秋收秋收，颗粒不丢。

勤做不如紧收。

禾倒半收，麦倒无收。

工宽有处讨，谷丢没处找。

肩头挑秧九十日。

（插秧九十天收获）

午前割大豆，午后割稻谷。

接禾捆要准，绞刹绳要紧。

（装车）

茬口齐捆的紧，先放穗后放根。

（捆捆）

应收不收，庄稼歉收；
应割不割，定遭风磨。

过了秋分无生田，即可开始动刀镰。

秋挖甘草，量多货好。

一早十成收，一晚大部丢。

低头的庄稼穗大，扬头的庄稼穗小。

一穗撒一粒，一亩丢掉一簸箕。

一粒粮食一粒金，颗颗粒粒要当心。

冷装豆子热装麦。

豆打旁秸。（指杈多豆多）

抢种不闲半个工，抢收不闲一分钟。

收获要四净：收净、打净、扬净、扫净。

齐割轻放，重打低抖，多收一斗是一斗。

钢锹要优质高产，粮食要细打快收。

稻老割倒，越快越好。

稻老不可留，留来留去丢了头。

犁一块种一块，黄一块割一块。

随收随打，晒谷入仓。

打铁要趁热，收麦抢晴天。

豆打旁秸麦打齐。

仔细打仔细扬，好米晒干交公粮。

麦收八成，地里干净。

麦收三件宝，头多穗大籽粒饱。

放在地里不算，运到场院一半，放到囤里才算完。

宁可早一日归仓，不要迟一天在场。

立秋处暑八月天，收麦拔麻莫迟延。

收麦如救火。

稼欲熟，收欲速。

触露不掐葵，日中不剪韭。

（十二）蔬菜

一亩园，十亩田。

八月葱，九月空。

菜要好，除虫早。

头伏萝卜二伏菜，三伏有雨种荞麦。

霜降不起菜，必然要受害。

立冬不拔葱，落了一场空。

白菜养皮肤，茄子强筋骨。

家家都种菜，餐餐蔬菜香。

家有一园菜，少吃一仓谷。

不怕年成坏，就怕不种菜。

粮食低标准，吃食瓜菜代。

农村不种菜，白饭莫要怪。

吃菜不要好，只要样样到。

生秧田，熟菜园。

菜不移，栽不发。

种菜园，不用问，勤浇水，多上粪。

雨种豆子晴种棉，种菜最好连阴天。

天旱不忘锄地，雨涝不忘浇园。

冷粪果木热粪菜，生粪上地连根坏。

菜要好，除虫早。

寒露绑菜头，霜降起白菜。

吃不断的菠菜，长不尽的白菜。
（可常年培养）

深种茄子浅栽葱。

生姜老来辣。

不是肥土不栽姜。

姜在地里长，土里要干爽。

辣对辣，叶不发。
（葱蒜辣椒等不宜连种）

横栽山芋竖栽葱。

葱怕雨淋蒜怕晒。

淹不死白菜干不死葱。

干菜晒成筐，不怕年成荒。

瓜靠天长，菜靠人养。

瘦地瘠岭不要扔，种个瓜儿也有收。

瓜不熟蒂不落。

黄瓜韭菜两头香，黄瓜茄子两头鲜。

富贵黄瓜不断头。（可常生产）

茄子老了一肚籽，黄瓜老了还好吃。

生菜不离园。（四时可种）

左右通锄，一万余株。（种蒜）

二、林 业

（一）山林

家家防火，户户安全。

靠山吃山，吃山养山。

火随风势，风助火威。

焰高自代风，火大无湿柴。

过山迷路，人往低处。

无镐不劈地，有风不烧荒。

顺风一把火，躲在火过场。
（指山火太大、太急，人跑不出去，
可顺风点一把火，人站在烧过的场
地，可保住生命）

一年之计，莫如种谷；
十年之计，莫如树木。

植树造林，富国裕民。

人要文化，山要绿化。

山光光年年荒，光光山年年旱。

山上树木光，山下走泥浆。

绿化光头山，荒山变果园。

造林封山，防洪防旱。

树木成林，雨水调匀。

井成群树成林，沙土窝里不起尘。

山岗多栽树，水土不下流；
河堤多栽树，汛期挡浪头；
平原多栽树，树多调气候。

绿化荒山头，干沟清水流。

家家种棵树，全村有好处。

村中多栽槐柳桑，不怕酷夏出太阳。

前人栽树，后人乘凉；
前人栽花，后人闻香。

娶女看娘，种树看秧。

耕畜要多养多繁，造林要多育多栽。

栽树栽的密，树干长的直。

泥土盖的紧，不要露了根。

铲草要除根，植树坑要深。

挖坑大又深，栽树活得稳。

种树无它巧，只要用力敲。

槐树孤独柳栽棒。
（槐树缺主根，剩下一个根也可活）

要得松苗长，隔山听见锄头响。
（栽种松苗要把土壤打紧，使苗木根
须与土壤密切接触）

深栽结实打，木槌也发芽。

栽松要挤，杉要常剃。
（指栽松树，密植长的茂盛，杉树要
经常修整才能成材）

沙里青杨泥里柳。

河边低产多栽柳，沙地栽树好防风。

堤边住宅旁，树木栽成行。

杨柳下河滩，榆树上半山。

柳树淹死不上山，松树干死莫下堤。

小孩要管，小树要修。

剪枝要平，长大少生虫。

栽树容易保树难。

树长几十年，火烧一时光。

人怕老来穷，树怕钻心虫。

人怕伤心，树怕刮皮。

小南风、树头空。
（南风栽树难活）

山是万宝山，树是摇钱树。

家有十棵柳，不用绕山走；
家有十棵杨，不用打柴郎。

没有钱花养母猪，没有柴烧多种树。

腊月栽桑桑不知。

移树无时，莫教树知。

栽竹无时，雨过便移。

插柳莫教春知。
（立春前插柳）

身有玉面毛发黑，山有玉面草木润。

（二）果树

好种出好苗，好树结好桃。

枣树满山岗，人人不愁荒。

今年栽下一棵桃，他年成熟吃不了。

桃三杏四梨五年，枣树当年就还钱。

果树要好，手勤水饱。

勤整枝，多打杈，桃树结的一挂挂。

青果栗子加上粪，黑枣李子不需肥。

要吃梨，刮树皮。
（害虫卵多生在树皮上，开春前需将树
皮刮去一层，以除虫害）

果园要养蜂，瓜园不栽葱。

要想水果长的好，还得蜜蜂把花咬。

淹梨旱枣火烧桃。

旱枣子，涝栗子，不旱不涝收柿子。

苹果性喜寒，栽植不宜南。

桃南杏北梨东西，石榴藏在树皮里。
（指各种果树结果的位置各有不同）

风打梨花不见面，雨打梨花见一半。

樱桃好吃树难栽。

桃三杏四，梅子十二。

枣树三年不算死。

三、畜牧业

（一）大牲畜

三岁牯牛，十八岁的汉。

乳牛下乳牛，三年五个头。

秋喂腿，春喂嘴。

冬膘是实膘，夏膘是虚膘。

量牲口使车，破车不揽载。

三分饲养，七分使役。

草膘料力水精神，加喂食盐更有劲。

抬头"鼻吃"低头截。

前截刨后截挠，中截打滚回头瞧。

刀快人省力，草细马自肥。

铡草没啥巧，抬高使劲压。

马不吃夜草不肥。

牲口要强，自繁自养。

牛强马壮生产好，猪大羊肥粪源多。

寸草铡三刀。

下地带把刀，回来代饲料。

春雨贵如油，瘦马不瘦牛；
秋雨如刀刮，瘦牛不瘦马。

一斤谷子八两草。

谷好草多，谷差草少。

夜间喂遍草，顶喂一遍料。

牲口使得勤，草料要喂匀。

草料一齐上，到老喂不胖。

春季喂好，夏不出汗；
夏季喂好，冬不打战。

玉米秸做青饲料，牲口肯吃又上膘。

干草切成细料料，牲口吃成肉蛋蛋。

勤垫圈勤打扫，积肥多牲口好。

畜圈扫干净，个个不生病。

走春避亲，放牧要阴。
（春情发动，勿近亲交配；夏季放牧时，
早晚为宜，免使牲畜吃了热草生病）

要想牲口配得准，母畜发情须拿稳。

炒菜要油，耕田要牛；
有地无牛，日夜发愁。

养牛别怕烦，想想没牛难。

耕山田，养黄牛；耕水田，养水牛。

牛是农家宝，草料储备好；
圈是牛的房，冬暖夏要凉。

养牛没巧，只要圈干食饱。

冬天的食，春天的力。

隔年要犁田，冬牛要喂盐。

牛到谷雨吃饱草。

牛不吃饱草，拖犁满地跑。

看牛不要早，只要常吃露水草。

闲时养牛不保膘，大忙到来急得跳。

耕牛又歇又饱，耕田十年不老。

牛圈通风，牛力千斤。

冬牛要窝，春牛要露。
（冬天要舍饲，春天要放牧）

老牛难过冬，怕受西北风。

冬牛不瘦，春耕不愁。

不怕千次使，就怕一次累。

怀崽半岁不出工，落胯三日不离身。
（落胯，母畜根部陷落，是分娩前象征）

驼腰牛，弓腰驴。（指好的牛驴）

扯缰不要紧，牲口自然稳。

马儿跑的凶，一把抓住鬃。

马到难处不加鞭。

蚕无夜食不长，马无夜草不肥。

快刀切草细，人勤喂马肥。

看马不喂料，惹得旁人笑。

人看从小，马看踢蹄。

前看如鸡鸣，后看如狗蹲。（好马形状）

伙用船不漏，伙养马不瘦。

饿不急喂，饱不加鞭，汗不当风。

一步三点头，痛在腰胯间；
三步三点头，痛在蹄下面。

驴年马十月，猫三狗四羊半年。（指怀胎期）

马无眠，牛无睡。

牛怕清霜，马怕夜雨。

牛要脚圆，猪要脚粗。

牛大得力，猪大肥家。

朋友好坏交着看，牛马好坏用着看。

马骑前，驴骑后，骡子骑在正中间。

打马摸索中，压马嘚哒牛。

（二）养猪

养猪不赚钱，回头看看田。

种地不养猪，好比秀才读书。

猪身全是宝。

猪是摇钱树，穷富不丢猪。

千猪槽，万担粮，吃肉犹如吃粮。

猪吃百样草，看你找不找。

好葫芦出好瓢，好猪生好苗。

要想有钱，养猪肥田。

人缺奶吃鱼，猪缺奶吃蚌。
（蚌，指蛤蜊、螺蛳之类）

母猪好一窝，公猪好一坡。

耐心管理，细心护养。

勤喂细饲，少给勤添。

种地要选好种，养猪要挑猪种。

雌猪肚大一肚货，雄猪肚大一肚粪。

尾巴长一钉，一天长一斤。
（尾巴尖端有颗米粒大的硬粒，
猪一定长肉快）

喂食不调匀，养猪白费心。

猪吃盐，助消化，热天不会"发痧"。

养猪没啥巧，细心护养最重要。

伏天草，冬天宝。

下地带麻袋，回来捎猪菜。

五谷丰登，六畜兴旺。
（六畜指马、牛、猪、羊、鸡、犬）

猪多肥多，肥多粮多，粮多猪多。

猪养田，田养猪。

上山不空手，下山不空篓。

寸草铡三刀，不喂猪也肥。

要想庄稼好，须在猪上找。

要想庄稼好，猪羊满圈跑。

一头猪，一亩田，肥了猪儿壮了田。

多养一头猪，多收十石谷。

圈里无猪，田里无谷。

养猪有三利：吃肉、肥地、换机器。

养猪小银行，养大利息长。

养猪多攒肥，田地好收成。

一头猪养一年，能施三亩田。

养猪无圈，肥料走散。

种田有谷，养猪有肉。

田肥三成谷，猪肥三成肉。

母猪两次配，生育可加倍。

抓猪崽，看猪娘。

腿短身子大，还要小尾巴。

（选好猪苗的标准）

弯脚黄牛直脚猪。
（牛后脚弯便于行走；猪后脚直，
负担力强，可喂成大猪）

大猪要囚，小猪要遊。
（大猪需要安静才能生长）

食要按时料要足，圈要朝南地要洁。

南瓜喂几筐，猪毛光又光。

野草饲料多又广，喂出壮猪不用粮。

绿肥丰收猪喜欢，吃饱肚皮长身体。

猪吃百样草，煮熟味更妙。

养猪不要本，切草磨成粉。

猪草切得细，吃了当得米。

熟食暖圈，一日斤半。

着急吃不得热粥，心焦喂不好肥猪。

多养家畜多积肥。

种地不养猪，一定有一输。

公养加私养，生猪大增长。

猪多肥不缺，粪多产量高。

猪多地肥，五谷丰登。

以田养猪，以猪肥田。

以猪养田田养猪，猪旺肥丰粮食多。

养猪积肥庄稼好，过年吃肉不用愁。

猪儿长的大，支援现代化。

空在猪栏里，穷在田地里。

圈用一把土，仓里一捧粮。

猪是活宝，愈养愈好。

打蛇打七寸，喂养定时辰。

猪要肚子饱，才能上肥膘。

要使猪子长膘，让它吃饱睡好。

种地靠肥料，养猪靠饲料。

猪饲料，四处找，树上采，水里捞。

一种、二捞、三割、四发酵。（饲料来源）

开个豆腐房，养猪不用糠。

饲料多样，定食定量。

饲料百样挑，牲畜十足膘。

泔水肥效高，米水好饲料。

同样草同样料，不同喂法不同膘。

新阉猪，不喂糠，喂糠粘肠不得长。

养蜂窝要多，养猪圈要平。

栏不通风，猪要发瘟。

常常照阳光，猪身肥又胖。

养猪不垫圈，利钱丢一半。

睡猪膘油足，散猪乱跑料白煮。

猪食懒得换，猪仔跑出圈。

猪打预防针，不病也不瘟。

要得富，喂母猪。

圆肚薄皮，脚直毛稀。（好母猪的特征）

生小猪不用记，三个月加三星期。

（三）家禽

养鸡养鸭，本短利长。

不养猪鸡鸭，肥源无处挖。

鸡鸭都垒窝。

鸡鸭猪羊喂的全，买油买盐有零钱。

栽花不如种菜，养鸟不如养鸡。

要想小鸡肥，一天喂十回；
要想小鸡好，一回莫喂饱。

鸡鸡二十一，鸭鸭二十八，鹅鹅一月往外挪。
（指抱蛋时间）

错窝不下蛋。
（鸡喜欢在自己窝里生蛋）

买鸭看嘴，买鸡看爪。

矮脚鸡爱生蛋，一年产了二百二。

鸡肥不下蛋。

四月蛋，好当饭。
（农历四月生的蛋）

百日鸡正好吃，百日鸭正好杀。

鸡是千日虫，再养就会穷。
（过千日生蛋少）

鸭子不离水，鸡子跑断腿。

要想鸡子不发瘟，最好先打预防针。

鸡寒上树，鸭寒下水。

腊七腊八，冻煞鸡鸭。

鸭吃腥，鹅吃青。

（四）其他

羊无空肚。

（羊一年可繁殖两次）

羊子养羊子，三年一房子。

一羊前行，众羊后继。

养羊不成群，也要用个人。

鸽子一年十二窝。

王子不动蜂不动，王子一动乱哄哄。

好蜂不采落地花。

两亩果园一箱蜂，蜜旺果肥吃不清。

猪来穷家，狗来富家，猫来孝家。

四、气 象

(一) 风向测天

风是雨的头。

春南雨咚咚，夏南一场空；
秋南雨淋淋，冬南天不晴。
（指南风）

有雨天边亮，无雨顶发光。

早风连夜雨，夜风大晴天。

早刮东风不下雨，涝刮西风不晴天。

三月南风下大雨，四月南风晒河底。
（四月南风有旱象）

天晚起风天亮住，天亮不住刮倒树。

日落晚风起，风住雨凄凄。

即吹一日南风，必还一日北风。

南风尾，北风头。
（南风愈吹愈急，北风初起便大）

夏天，北风主雨，冬天南风主雪。

开门风，闭门雨。（黄昏雨，难晴）

引得春风有夏雨。

立夏东风少病祸，时逢初八果生多。

急风急没，慢风慢没。

春南夏北，无水磨墨。

山招风雨来，海啸风雨多。

（二）日月星测天

月晕风，日晕雨。

日出东南红，无雨定有风。

月光生毛，大水涛涛。

日出天发紫，有雨不能止。

日落西山胭脂红，不是雨来便是风。

星光定，明天晴；星光闪，明天雨。

星星密，载箬笠；星星稀，晒死鸡。

满天星光眨眼睛，无雨有风临。

日落乌云接，明天把工歇。

早日胭脂红，无雨必有风。

日落三尺箭，隔天雨就现。

日耳不过三，不是刮风就阴天。

天河调角，必穿棉袄；
天河发权，必脱马褂。

日篮不过三，不是下雨就阴天。

月儿亮，星儿稀，明天是个好天气。

日月有常，星辰有行。

南耳晴，北耳雨。日生双耳，断风截雨。

一个星，保夜晴。
（雨夜天阴，见一、二个星，此夜必晴）

火流星，必定晴。

日落返照，晒得猫儿叫。

亮一亮，下一丈。（久雨忽明亮，主大雨）

月上早，低田好收稻；月上迟，高田剩者稀。
（四月，月亮早出主旱；月迟出，主雨）

朝星照湿土，来日依旧雨。

月儿仰，水渐涨；月儿戾，水无滴。

最喜立春晴一日，农夫不用力耕田。

（三）雷电雨测天

四月响雷北风吹，五月响雷骑不走。
（有大风之意）

雷轰天顶，虽雨不猛；
雷轰天边，大雨连天。

先打雷，后刮风，有雨也不凶。

雷打谷雨前，洼地不收田；
雷打谷雨后，洼地种黄豆。

雷打一百八。（春雷后一百八十天下霜）

早雷不过午，夜雷十日雨。

雷公先唱歌，有雨也不多。

东闪日头红，西闪雨重重。

未雨先雷，到夜不来；
未雨先风，来也不凶。

雨打五更，日晒水坑。

一点雨似一个钉，落到明朝也不晴。

快雨快晴。

千日晴不厌，一日雨落便厌。

未雨先雷，船去步来。

当头雷无雨，卯前雷有雨。

一夜起雷三日雨。

北闪三夜，无雨大怪异。

春雨人无食，夏雨牛无食；
秋雨鱼无食，冬雨鸟无食。

六月初三晴，山筱尽枯零。
（山筱，山上小竹）

雨住午，下无数。

春末秋初一阵雨，赛过唐朝一斛珠。

八月一声雷，遍地都是贼。

春雨甲子，赤地千里；夏雨甲子，乘船入市；
秋雨甲子，禾头生耳；冬雨甲子，牛羊冻死。

端阳有雨是丰年，芒种闻雷美亦然。

立秋无雨甚堪忧，万物重来一半收。

雨浇上元灯，日晒清明种。

一点雨一个灯，落到明朝也不晴。

早晨一阵雨，午前定下雨。

东闪太阳红，西闪雨重重；
北闪当面射，南闪闪三夜。（雨迟）

（四）云雾霞虹测天

云行东，雨无踪；云行西，水没犁；
云行南，水涨潭；云行北，好晒谷。

八月十五云遮月，正月十五雪打灯。

早霞被雨淋，晚霞被日晒。

早上浮云走，中午晒死狗。

春雾晴，夏雾热，秋雾不收雨淋。

云彩走向东，有雨变成风；

云彩走向南，有雨下不来；

云彩走向西，有雨披蓑衣；

云彩走向北，有雨下不得。

鱼鳞天，无雨有风颠。

天上勾勾云，无雨也成潭。

天上扫帚云，三日雨淋淋。

东虹日头西虹雨，南虹出来涨大水。

天上云彩象羽毛，地上大雨加风暴。

天上起了泡头云，不过三天雨淋淋。

天上起鱼斑，明天晒谷不用翻。

瓦块云，晒死人。

乌云接驾，大雨连下。

朝霞不出门，晚霞行千里。

云行东，一场空；云行西送蓑衣；
云行南，水满田；云行北一场水。

先下牛毛无大雨，后下牛毛不晴天。

开门雨，关门住。

夏雨隔牛背，隔道不下雨。

玉山戴帽，长工睡觉。

春天孩儿面，早霞天就变。

老龙斑，不过三。（龙鳞斑云，不过三天就下雨）

早看东南，晚看西北。

不怕初一下，就怕初二阴；
不怕十五下，就怕十六阴。

春雾冷，夏雾热；秋雾凉风，冬雾雪。

久晴大雾阴，久阴大雾晴。

傍晚无云风儿小，明日晴天准没跑。

春雾曝死鬼，夏雾下雨水。

云往东，一场空；云往西，马溅泥；
云往南，水潭潭；云往北，好晒麦。

日落云没，不雨定寒。

日落云里走，雨在半夜后。

日落乌云半夜枵，明朝晒得背皮焦。

云行东，雨无踪，车马通；
云行西，马溅泥，水没犁；
云行南，雨潺潺，水涨潭；
云行北，雨便足，好晒谷。

西北赤，好晒麦。

朝看东南，晚看西北。

鱼鳞天，不雨也风颠。

朝霞暮霞，无水煎茶。

对日鲎，不到昼。（吴方言称虹为鲎，主雨）

云似炮车形，没雨定有风。

东鲎日头西鲎雨。

月如悬弓，少雨多风；月如仰瓦，不求自下。

日出早，雨淋脑；日出晏，晒杀雁。

早霞红丢丢，晌午雨浏浏，

晚霞红丢丢，早晨大日头。

秋分天气血云多，到处欢歌好晚禾。

地气升为云，天气降为雨。

（五）动物测天

鸡不入窝，明天有雨。

河里鱼跳，逢雨之兆。

燕子钻天蛇过道，蚂蚁封洞山戴帽。

蜜蜂出窝天放晴，鸡不入笼阴雨来。

蜘蛛结网主晴，收网主雨。

羊抢草，蚁围窝，蛇过道，大雨烈。

蛤蟆哇哇叫，大雨将来到。

泥鳅浮起，天必降雨。

蚂蚁搬家，有雨不差。

海鸥过山，必定坏天。（海起风暴苗头）

鲤鱼湖中跳，必定有雨到。

黑龙护世界，白龙坏世界。

鱼儿称水面，水来没高岸。

田鸡叫得哑，低田好稻把；
田鸡叫得响，田内好荡桨。

除夜犬不吠，新年无疫疠。

（六）观物测天

缸穿裙，大雨临。

盐罐湿盖，天要变坏。

咸肉滴卤，雨下如注。

节节草发白，要下雨。

石头出汗，逢雨之兆。

大海孩儿脸，一朝变三变。（海起风暴）

水底起青苔，卒逢大水来。

水面生青靛，天公又作变。

蜻蜓高，谷子焦；蜻蜓低，一坝泥。

杏熟当年麦，枣熟当年禾。

（七）霜雪测天

雪下高山，霜打洼地。

瑞雪兆丰年。

无雨无云天晴朗，明天早上要防霜。

冬无雪，麦不结。

腊雪是被，春雪是鬼。

阴盛则露凝为霜。

腊前三雪，大宜菜麦。

（八）寒暖测天

寒潮过后多晴天，夜里无云地尽霜。

春寒雨涟涟，冬寒多晴天。

一场春雨一场暖，一场秋雨一场寒。

大寒须守火，无事不出门。

三伏不热，五谷不结。

夏至未来莫道热，冬至未来莫道寒。

夏旱修仓，秋旱离乡。

田怕秋旱，人怕老贫。

鸡寒上树，鸭寒下水。

夏至有风三伏热，重阳无雨一冬晴。

六月不热，五谷不结。

九月重阳，移火进房。

春寒雨多，冬寒雨散。

大寒不寒，人马不安。

腊月廿四五，锥刀不出土。

昼暖夜寒，东海也干。

五、其　他

（一）勤俭节约

勤是摇钱树，俭是聚宝盆。

锄禾日当午，汗滴禾下土；
谁知盘中餐，粒粒皆辛苦。

只勤不俭是：挣了一块板，丢了一扇门。

一粥一饭当思来之不易，
半丝半缕恒念物力维艰。

勤俭传家宝，多咱丢不了。

吃不穷穿不穷，算计不到就受穷。

滴水成河，积少成多。

丰年不忘歉年苦，饱时莫忘饿时难。

细水长流，吃穿不愁。

一人一天省一两，节约粮食用车装。

伸手等待，寸步难行；
自力更生，日行千里。

钱由分积成，马由驹生长。

人勤地不懒，大囤小囤满。

人勤地就忙，打的粮食没处藏。

日常生活计划好，一年到头不烦脑。

莫到无时想有时，常将有日思无日。

一粒芝麻落地看不见，千粒芝麻能种一亩田。

一人费一分，全村少块金。

一天节约一粒粮，十年堆的过高墙。

勤是根，俭是本。

没有脏和累，哪有香和甜。

人懒地一时，地坑人一年。

日子要想过得好，要起三百六十早。

不能靠天吃饭，全靠两手动弹。

创业好比针挑土，败业如同水推沙。

积丝成寸，积寸成尺，寸尺不丢，遂成丈匹。

（二）团结互助

人多力量大，柴多火焰高。

单丝不成线，孤树不成林。

寒霜打死单根草，树多成林不怕风。

一花不是春，一木不成林。

一滴水灭不了一场火，一只猫捉不完天下老鼠。

天时不如地利，地利不如人和。

不怕土质薄，就怕心不和。

大家一条心，黄土变成金。

只要拧成一股绳，纱线也能捆雄狮。

一锹煤炼不成钢，一块石头难砌墙。

一颗星成不了天，一块岩垒不成山。

一个人一个脑，做事没商讨。

一人一双手，推磨没对手。

一个人一个心，穿断骨头筋。

一人不如二人计，三人肚里唱本戏。

一人踏不倒地上草，众人踩得出阳光道。

一根原木盖不起一幢房屋。

一只眼睛看不见全部。

一棵杨树不挡风，单丝麻线难拧绳。

一湾河水一道滩，蚂蚁也能搬倒山。

图书在版编目（CIP）数据

农谚/董汉文编.—北京：中国农业出版社，
2011.6（2021.5重印）
ISBN 978-7-109-15685-2

Ⅰ.①农⋯ Ⅱ.①董⋯ Ⅲ.①农谚—中国 Ⅳ.
①S165

中国版本图书馆CIP数据核字（2011）第093113号

中国农业出版社出版
（北京市朝阳区农展馆北路2号）
（邮政编码100125）
责任编辑 赵 刚

中农印务有限公司印刷 新华书店北京发行所发行
2011年6月第1版 2021年5月北京第2次印刷

开本：787mm×1092mm 1/32 印张：2.5
字数：4千字
定价：15.00元
（凡本版图书出现印刷、装订错误，请向出版社发行部调换）